Mudassar Naikwadi
Makarand Jadhav

Redução do rácio entre a potência de pico e a potência média para a modulação de pacotes Wavelet

Mudassar Naikwadi
Makarand Jadhav

Redução do rácio entre a potência de pico e a potência média para a modulação de pacotes Wavelet

ScienciaScripts

Imprint

Cover image: www.ingimage.com

This book is a translation from the original published under ISBN 978-620-8-22558-2.

Publisher:
Sciencia Scripts
is a trademark of
Dodo Books Indian Ocean Ltd. and OmniScriptum S.R.L publishing group

120 High Road, East Finchley, London, N2 9ED, United Kingdom
Str. Armeneasca 28/1, office 1, Chisinau MD-2012, Republic of Moldova, Europe
Printed at: see last page
ISBN: 978-620-8-30493-5

CAPÍTULO 1
INTRODUÇÃO

CAPÍTULO 1
INTRODUÇÃO

1.1 Antecedentes

Com a crescente difusão dos serviços multimédia de banda larga, as modulações multiportadoras estão a tornar-se uma tecnologia-chave amplamente utilizada em sistemas de comunicação sem fios para acesso em banda larga, como o WiFi e o WiMAX (Worldwide interoperability for microwave access). A modulação multiportadora (MCM) é uma técnica de transmissão popular para a comunicação de dados a alta velocidade. Recentemente, tem registado uma popularidade crescente em aplicações sem fios e com fios. O recente interesse por esta técnica deve-se principalmente aos recentes avanços na tecnologia de processamento digital de sinais. Neste método, a transmissão é efectuada em paralelo em diferentes bandas de frequência. Esta técnica é desejável para a transmissão de dados digitais através dos canais de desvanecimento multipercurso. Através da transmissão paralela de dados, o efeito deletério do desvanecimento é espalhado por muitos bits, portanto, em vez de alguns bits adjacentes serem completamente destruídos pelo desvanecimento, é mais provável que vários bits sejam marginalmente afectados pelo canal. Outra vantagem desta técnica é a sua efficiência espetral. No método MCM, os sub-canais são ortogonais e os seus espectros sobrepõem-se uns aos outros. Assim, mais portadores (e, portanto, dados) podem ser empacotados numa determinada largura de banda, levando a uma eficiência espetral muito alta

A modulação multiportadora (MCM) tem sido apontada como uma forte candidata à camada física para a conceção de sistemas de rádio cognitivo [1]. O rádio cognitivo (CR) é um sistema de comunicação sem fios inteligente que conhece (daí o nome) o seu ambiente. Aprende com o seu ambiente e adapta as suas caraterísticas de transmissão de acordo com as variações estatísticas do ambiente, a fim de maximizar a utilização de recursos de qualidade superior, como o espetro. O MCM é um esquema de modulação eficiente do ponto de vista espetral que divide os dados de entrada de elevado débito entre várias portadoras moduladas a débitos mais baixos e é altamente adequado para a conceção de sistemas CR. Deixando simplesmente de fora um conjunto de subportadoras não moduladas, o espetro de um CR baseado em MCM pode ser moldado de forma fácil e flexível para ocupar lacunas espectrais sem interferir com os utilizadores licenciados (LUs).

A Multiplexagem Ortogonal por Divisão de Frequência (OFDM) é um esquema de modulação multiportadora elegante e popular em que a geração e a modulação dos subcanais são efectuadas utilizando a função de base exponencial de Fourier. As principais vantagens do OFDM são a robustez contra o desvanecimento multipercurso, o desvanecimento seletivo em frequência, a interferência em banda estreita e a utilização eficiente do espetro. No entanto, uma outra técnica de modulação multiportadora baseada em wavelet, denominada Wavelet Packet Modulation (WPM), surgiu como um novo candidato. Os sistemas MCM baseados em wavelets têm, em geral, as mesmas capacidades que os sistemas OFDM com caraterísticas melhoradas. A teoria das ondaletas existe atualmente há quase um século, após o trabalho inicial de Haar e o desenvolvimento da ondaleta de Haar em 1909. Nas últimas décadas, as transformadas wavelet têm sido utilizadas com êxito em algoritmos de compressão de dados, imagem computorizada e animação. Só recentemente é que a transformação de wavelets surgiu na modulação digital. A transformada wavelet é uma técnica de análise no domínio tempo-frequência, de modo que uma estrutura de pacotes pode ser dividida não só no domínio da frequência, mas também no domínio do tempo. Quando a interferência de tons e impulsos é recebida em TDM ou OFDM, todos os símbolos são degradados, ao passo que a modulação baseada em Wavelet mantém muitos símbolos afastados da interferência através da composição de uma estrutura de pacotes adequada. A modulação baseada em Wavelet foi proposta pela primeira vez como um dos métodos de transmissão multicarrier por Alan Lindsay [2], onde foram apresentados os fundamentos teóricos e foi proposta a sua utilização como alternativa à OFDM.

Nas implementações MCM convencionais, como a Multiplexagem Ortogonal por Divisão de Frequência (OFDM), as portadoras são funções seno/cosseno estáticas. Em alternativa à OFDM, podem ser utilizadas outras bases ortogonais para sistemas multicarreira. Por exemplo, a Wavelet Packet Modulation (WPM) demonstrou ser uma técnica eficiente com caraterísticas interessantes como adaptação e flexibilidade e caraterísticas melhoradas em comparação com a OFDM. A ideia de usar transformadas mais avançadas, como a análise de pacotes wavelet, em vez de Fourier, como núcleo de um sistema multicarrier, embora introduzida há mais de uma década, recebeu muito pouca atenção. Com as actuais exigências de efficiência e elevado desempenho nos sistemas de comunicação sem fios, é legítimo interrogarmo-nos sobre as possíveis melhorias que a modulação baseada em wavelets poderia apresentar em comparação com os sistemas OFDM.

A maior motivação para a procura de sistemas WPM reside na liberdade que proporcionam aos projectistas de sistemas de comunicação. Ao contrário das bases de Fourier, que são seno/cosseno estáticos, o WPM utiliza wavelets que oferecem flexibilidade e adaptabilidade que podem ser ajustadas para satisfazer uma exigência de engenharia. Ao alterar as especificações do projeto, pode ser desenvolvido um sistema baseado em wavelets que seja mais robusto, contra a interferência interportadora (ICI), interferência intersimbólica (ISI), sem comprometer a eficiência espetral ou a complexidade do recetor. Embora o WPM possa tirar partido de todas as funcionalidades avançadas concebidas para sistemas com várias portadoras, também beneficia da sua flexibilidade inerente.

O WPM é ainda um sistema em desenvolvimento e há muitas questões em aberto para investigação e compreensão. Uma delas é o seu desempenho em termos de rácio entre a potência máxima e a potência média (PAPR). Um sinal MCM consiste num número de subportadoras moduladas independentemente, que podem dar uma grande PAPR quando adicionadas coerentemente. Quando M sinais são adicionados com a mesma fase, eles produzem uma potência de pico que é M vezes a potência média.

1-2 Motivação e objectivos

Uma grande PAPR traz desvantagens como o aumento da complexidade dos conversores analógico-digital e digital-analógico e a redução da eficiência do amplificador de potência de RF. Estes grandes picos aumentam a quantidade de distorção de inter-modulação, resultando num aumento da taxa de erro. A potência média do sinal deve ser mantida baixa, a fim de garantir que o amplificador do transmissor funcione na região linear. No entanto, isso terá um efeito prejudicial sobre a eficiência da utilização de energia, particularmente em sistemas móveis onde o tempo de vida da bateria é um recurso premium. A minimização do PAPR permite que uma potência média mais alta a ser transmitida para uma potência de pico fixa, melhorando o sinal geral a relação sinal/ruído no recetor. Normalmente, os sistemas estão limitados a uma potência de pico limitada devido à limitação da gama dinâmica em que o amplificador do transmissor funciona linearmente. Um serviço celular sem fios fiável exige uma transmissão limpa e consistente a partir das estações de base em condições de grande amplitude e rápida variação. Os amplificadores de potência (PA) de radiofrequência (RF) da estação de base são fundamentais para garantir esta fiabilidade. A eficiência espetral sempre foi importante nas comunicações móveis. Atualmente, os sistemas digitais de terceira e quarta geração exigem que a linearidade e a efficiência do PA também sejam incluídas como requisitos de desempenho cruciais. Estes amplificadores encontram-se em estações de base celulares que suportam o OFDM de normas sem fios (por exemplo, redes de 3rd e 4.ª geração), bem como melhorias das normas existentes (por exemplo, GSM de 2nd geração)). Devido à utilização de modulação em quadratura e de múltiplas subportadoras, a potência do sinal em muitas destas aplicações flutua significativamente ao longo do tempo. Isto significa que o sinal tem um rácio PAPR elevado quando comparado com sistemas de portadora única.

Embora os sistemas acima mencionados mantenham uma boa efficiência espetral, o envelope variável do sinal gera re-crescimento espetral nos canais adjacentes e distorção na banda. Existe um trade-off entre linearidade e efficiência; a efficiência de potência é muito baixa quando o amplificador opera na sua região linear e aumenta à medida que o amplificador é conduzido para a sua região de compressão. Devido à natureza da geração do sinal, o sinal multiportadora, OFDM e WPM têm grandes PAPRs. Os valores de PAPR estabelecem altas exigências para a linearidade dos amplificadores de potência, uma vez que é desejável que o PA opere em sua região linear, o que leva a uma baixa efficiência de potência. Portanto, é importante minimizar a PAPR.

Embora o impacto da PAPR na operação OFDM seja bem compreendido, a literatura sobre uma análise semelhante para WPM é extremamente escassa. A este respeito, é imperativo saber se alguma das técnicas de redução de PAPR disponíveis para OFDM pode ser aplicada para WPM e, em caso afirmativo, quais são os ajustes necessários, se houver, para tornar a técnica adequada para WPM. Além disso, quais são os efeitos dos parâmetros das wavelets na redução da PAPR e como podemos otimizar as técnicas de redução da PAPR. Temos de encontrar respostas a estas questões para atingir o nosso objetivo de mitigar a PAPR do WPM.

Através deste trabalho de dissertação realizamos um estudo sobre o efeito da PAPR no sistema WPM e buscamos técnicas para mitigá-lo. Os objectivos principais do trabalho de dissertação são:

1. Estabelecer uma configuração de simulação em MATLAB para o sistema de transmissão OFDM e WPM.
2. Analisar o efeito PAPR em sistema de transmissão OFDM e WPM.
3. Analisar as caraterísticas da PAPR do WPM.
4. Investigar dois métodos, nomeadamente o Mapeamento Selecionado (SLM) e a Sequência Parcial de Transmissão (PTS), para mitigar a PAPR em sistemas OFDM e WPM
5. Para avaliar o desempenho destas técnicas de redução da PAPR no sistema WPM

CAPÍTULO 2
PESQUISA BIBLIOGRÁFICA

CAPÍTULO 2
PESQUISA BIBLIOGRÁFICA

2.1 Introdução

O estudo do desempenho da modulação Wavelet Packet Transform (WPM) para transmissão em canais sem fios com algumas caraterísticas adicionais interessantes e caraterísticas melhoradas foi efectuado por Antony Jamin e Petri Mahonen em [3]

Uma desvantagem geral dos esquemas de modulação multi-portadora, como OFDM e WPM, são os grandes picos na potência instantânea do sinal. Aqui, a informação é codificada na amplitude instantânea, bem como na fase do sinal modulado. Consequentemente, o sinal modulado terá grandes variações na potência instantânea, o que resulta em picos maiores. O rácio entre a potência de pico e a potência média do sinal, denominado rácio entre a potência de pico e a potência média (PAPR), é assim mais elevado. A tabela 2.1 mostra a PAPR para uma série de normas amplamente utilizadas.

Tabela 2.1 Diferentes normas e PAPR aceitável

Nº Sr.	Padrão	PAPR
1.	GSM (2G)	0dB
2.	GSM EDGE (2,5G)	3,2dB
3.	WCDMA/UMTS (3G)	3,5-7dB
4.	CDMA 2000 (3G)	4-9dB
5.	IEEE 802.11b (WLAN)	Tão alto quanto 10dB
6.	IEEE 802.11g (WLAN)	Tão alto quanto 10dB
7.	IEEE 802.11a (WLAN)	Tão alto quanto 10dB

A amplificação de sinais com um grande rácio entre a potência de pico e a potência média utilizando um amplificador de potência (PA) linear convencional pode satisfazer o requisito de linearidade, mas sofre de baixa eficiência porque estes amplificadores de potência funcionam inerentemente muito abaixo do seu nível de potência de saída saturada, onde a eficiência é máxima. A elevada eficiência energética é especialmente importante para os dispositivos portáteis devido ao desejo de prolongar a vida útil da bateria. Assim, para tais aplicações, os amplificadores de potência modernos devem ultrapassar as tradicionais soluções de compromisso entre linearidade e eficiência.

Haixia Zhang, Dongfeng Yuan e Feng Zhao [4] apresentaram uma investigação pormenorizada sobre a redução da PAPR num sistema de modulação multiportadora. Mohan

Baro e Jacek Ilow [5] propuseram a poda da árvore de pacotes de wavelets como um esquema de redução da PAPR num sistema WPM. Especificamente, são gerados mapeamentos alternativos de símbolos de dados em diferentes estruturas de árvore e é transmitida a sequência no domínio do tempo com a menor PAPR. Utilizando um pequeno nível de redundância, o esquema proposto consegue uma redução significativa da PAPR à custa de uma complexidade computacional aceitável.

Mathieu Gautier, Christian Lereau, Marylin Arndt e Joel Lienard [6] efectuaram uma análise da PAPR na modulação de pacotes Wavelet e estudaram a PAPR para sistemas multiportadoras com diferentes formas de impulso. A influência das caraterísticas da forma do impulso na PAPR foi investigada.

Ngon Thanh Le, Siva D. Muruganathan e Abu B. Sesay [7] propuseram uma redução da PAPR para WPM através do projeto de funções de base.

M. Rostamzadeh, V. T. Vakily e M. Moshfegh [8] propuseram um esquema de compressão adaptativa de limiar para reduzir a PAPR de sinais OFDM e WPDM. Aqui apenas os sinais cujas amplitudes são superiores ao limiar são comprimidos no transmissor de forma adaptativa e usando um processo de julgamento simples a operação de expansão é executada para os sinais comprimidos no recetor.

B. Torun, M. K. lakshmanan e H. Nikookar [9] estudaram o desempenho da PAPR do sistema WPM. Eles investigaram a estocástica dos sinais WPM e a influência das propriedades da forma de onda no desempenho da PAPR. Em [10], propuseram um método adaptativo de seleção de fase para redução da PAPR, em que a PAPR do sistema multiportadoras é ajustada através da variação das mudanças de fase das subportadoras.

T. S. N. Murthy e K. Deergha Rao [11] analisaram a PAPR do MB-OWDM UWB (Multi-band orthogonal frequency division multiplexing for ultra wide band).

Liu Miao, Wang Ke, He Yan e Xiangling Li [12] conseguiram otimizar a PAPR para WPM através de uma abordagem de programação linear.

Li Jiao-jun, Li Heng e Su Li-yun [13] propuseram um algoritmo rápido de pesquisa de bases óptimas para a redução da PAPR.

M. Lixia, M. Murroni [14] propuseram a otimização da redução da PAPR utilizando uma abordagem de Algoritmo Genético

O problema básico de todas estas abordagens é o facto de serem altamente complexas ou de os ganhos que proporcionam serem marginais. Com este pano de fundo, neste relatório investigámos dois esquemas de redução da potência de pico, poderosos e sem distorção, o mapeamento selecionado (SLM) e as sequências de transmissão parcial com rotação de fase (PTS). A idéia básica é gerar múltiplos quadros WPM que representam a mesma informação e então transmitir o quadro WPM com o menor PAPR. Os quadros WPM são gerados através da mudança aleatória de fase das portadoras WPM. A partir dos resultados da simulação, pode-se observar que o método PTS supera o método SLM, produzindo ganhos significativos no desempenho da PAPR.

2.2 Métodos propostos

Foram propostas várias abordagens para lidar com o problema da PAPR. Estas técnicas dividem-se principalmente em duas categorias, nomeadamente

A) Técnicas de distorção do sinal.
B) Técnicas de baralhamento do sinal

As técnicas de baralhamento do sinal são variações sobre a forma de baralhar os códigos ou sobre a forma de modificar as fases para diminuir a PAPR. As técnicas de distorção do sinal são desenvolvidas principalmente para reduzir os picos elevados diretamente, distorcendo o sinal antes da amplificação.

Investigámos duas técnicas de codificação de sinal, nomeadamente o Mapeamento Selecionado (SLM) e a Sequência Parcial de Transmissão (PTS), para reduzir a PAPR no sistema WPM.

O Mapeamento Selecionado (SLM) é uma das abordagens probabilísticas iniciais para reduzir o problema da PAPR, com o objetivo de tornar a ocorrência de picos menos frequente, e não de eliminar os picos. Neste caso, é gerado um conjunto de sinais candidatos que representam a mesma informação e, em seguida, é escolhido e transmitido o sinal mais favorável no que respeita à PAPR mínima. Este esquema pode lidar com qualquer número de subportadoras.

A sequência parcial de transmissão (Partial Transmit Sequence - PTS) é um caso estruturalmente modificado do esquema SLM. A principal ideia subjacente a este esquema é que o bloco de dados de entrada é dividido em sub-blocos não sobrepostos e cada sub-bloco é rodado com um fator de rotação estatisticamente independente.

2.3 Esquema de blocos da configuração da simulação

O esquema de blocos da configuração de simulação proposta é apresentado na Figura 2.1

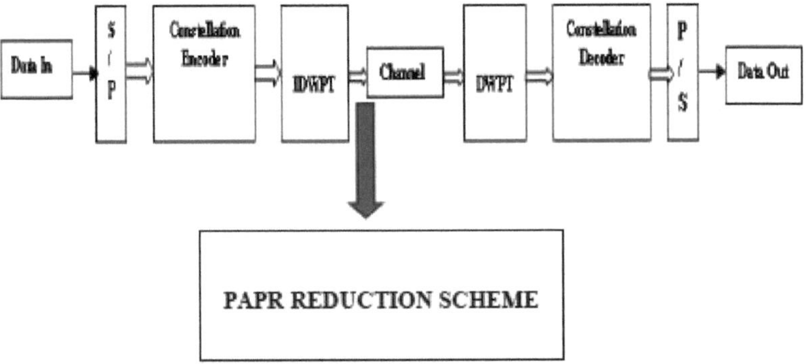

Figura 2.1: Esquema de blocos da configuração de simulação proposta

A entrada de dados para a simulação é um fluxo de dados binários. Este fluxo de dados é obtido a partir de um ficheiro de texto armazenado no diretório. O programa matlab converte os dados ascii em binários. Este fluxo binário em série de elevado débito de dados é convertido num fluxo de dados paralelo de baixo débito de dados.

O fluxo de dados paralelo é mapeado por constelação em símbolos QPSK. Após a modulação digital, os quadros de dados individuais são transformados usando a Transformada de Pacote de Wavelet Discreta Inversa (IDWPT). A IDWPT realiza tanto a modulação como a multiplexagem. Aqui, os pacotes de wavelets são utilizados para gerar as subportadoras necessárias para a modulação multiportadora. O sinal multiportadora gerado tem um rácio elevado de pico para potência média (PAPR). Este sinal com PAPR elevado pode reduzir a eficiência do amplificador de potência do transmissor.

Para reduzir a PAPR do sinal transmitido sem alterar a informação que está a ser transmitida, foram simulados dois esquemas de redução da PAPR sem distorção, nomeadamente o Selected Mapping (SLM) e o Partial Transmit Sequence (PTS). O sinal transmitido tem agora uma PAPR baixa em comparação com o original.

CAPÍTULO 3
INFORMAÇÕES GERAIS

CAPÍTULO 3
INFORMAÇÃO DE BASE

3.1 Fundamentos de Wavelet

3.1.1História das Wavelets

A teoria das wavelets pode ser vista como uma extensão da análise de Fourier. A ideia básica de ambas as transformações é a mesma: representar uma função por um conjunto de outras funções. Tudo começou em 1800, quando Joseph Fourier descobriu que podia sobrepor cossenos e senos para representar outras funções. Desde então, a análise de Fourier tem sido muito utilizada por cientistas e engenheiros para todo o tipo de problemas e aplicações. No entanto, a análise de Fourier não funciona igualmente bem para cada problema. Os problemas lineares e os sinais estacionários são bem adequados para a análise de Fourier, mas a representação de sinais breves, imprevisíveis e não estacionários, por outro lado, é muito mais difícil. Os investigadores procuraram uma solução e encontraram-na na Transformada Wavelet.

As wavelets são um conceito relativamente novo que foi introduzido na década de 1980, embora alguns trabalhos pioneiros tenham sido efectuados anteriormente. Desde a década de 1980, as ondulantes têm atraído um interesse considerável por parte dos teóricos e dos engenheiros, onde as ondulantes têm aplicações prometedoras. Devido a este grande interesse, a teoria das ondaletas tem sido bem desenvolvida nos últimos anos, tendo surgido vários livros sobre este tema e um grande volume de artigos de investigação.

Após a conclusão da teoria básica da transformada de wavelets, diversos domínios reconheceram o potencial das wavelets. Alguns dos domínios de aplicação das wavelets podem ser enumerados do seguinte modo

1. Processamento de imagens
2. Compressão de dados
3. Acústica
4. Processamento de sinais
5. Astrofísica
6. Codificação de sub-banda
7. Comunicação sem fios

Wavelet significa uma pequena onda. Assim, a análise de wavelets consiste em analisar sinais com funções de energia finita de curta duração. Estas transformam o sinal em estudo numa outra representação que apresenta o sinal numa forma mais útil, o que se designa por transformada wavelet. Manipulamos as wavelets de duas maneiras: a primeira é a translação, mudamos a posição central das wavelets ao longo do eixo do tempo. A segunda é o escalonamento, como se segue:

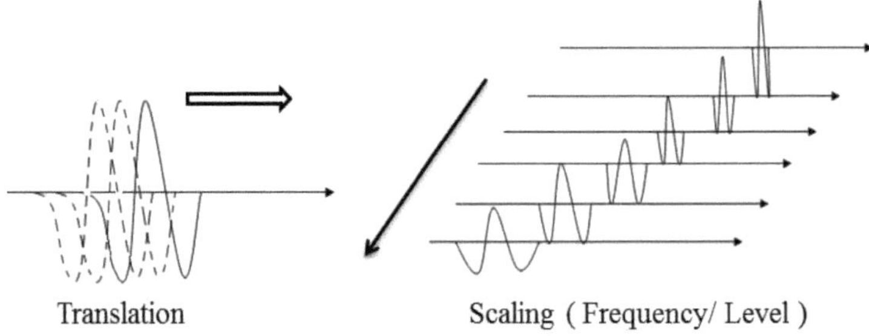

Figura 3.1: Tradução e escalonamento

A figura 3.1 mostra um esquema da transformada de ondulatória que quantifica basicamente a correspondência local da ondulatória com o sinal. Se a ondaleta corresponder bem à forma do sinal numa escala e localização específicas, como acontece no gráfico superior da figura 3.2, obtém-se um valor de transformação elevado, mas se a ondaleta e o sinal não se correlacionarem, o valor da transformação obtido é inferior. Se o processo for efectuado de forma suave e contínua, a transformada é designada por transformada wavelet contínua. Se a escala e a posição forem alteradas em passos discretos, a transformada é designada por transformada wavelet discreta.

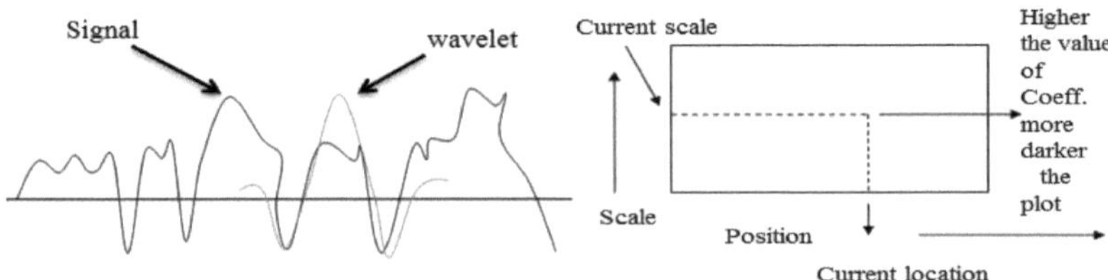

Figura 3.2: Wavelet e correspondência de sinais

Assim, as transformadas wavelet podem ser vistas como a correlação entre wavelet em várias escalas e localizações e o sinal.

Diferentes famílias de wavelets

As famílias de Wavelets incluem

1. Haar

2. Daubechies

2. Sinetes

3. Coifas

4. Discreto Meyer e muitos outros.

3.1.2 Transformada de Wavelet Contínua (CWT)

A CWT é definida como uma soma de um sinal multiplicado pela versão escalada e deslocada da função de base da wavelet. Utilizando diferentes factores de escala, a ondaleta é esticada ou comprimida em conformidade, enquanto um parâmetro de translação provoca o atraso ou a aceleração do início da ondaleta. O valor do parâmetro de translação afecta apenas a localização da ondulatória e não tem influência na duração ou largura de banda da ondulatória. Para aumentar a escala, a wavelet torna-se mais dilatada e considera o comportamento de longo tempo/baixa frequência do sinal de entrada, enquanto que para a escala decrescente a wavelet torna-se mais comprimida e considera o comportamento de curto tempo/alta frequência do sinal de entrada. Por conseguinte, o parâmetro de escala é inversamente proporcional à frequência, ou seja, escalas baixas correspondem a frequências altas e escalas altas correspondem a frequências baixas.

A CWT codifica um dado sinal temporal em termos de coeficientes wavelet que são função de duas variáveis. Como resultado da transformação wavelet, obtém-se uma coleção de representações bidimensionais da escala temporal. Uma grande amplitude corresponde a uma correlação de alta frequência do sinal e da função wavelet numa escala e numa instância de tempo.

A CWT é definida como na eq (3.1) dada em [15]

$$W(a,b) = \int_{t0}^{t} f(t)\frac{1}{\sqrt{|a|}}\Psi\left(\frac{t-b}{a}\right)dt \tag{3.1}$$

Onde uma função de entrada f(t) é decomposta num conjunto de coeficientes wavelet W(a,b). Aqui os parâmetros a e b denotam escala e translação, respetivamente, e representam novas dimensões da transformada wavelet. As funções wavelets utilizadas na equação acima (3.1) são geradas utilizando uma única wavelet-mãe, alterando o parâmetro de escala e transladando a wavelet ao longo dos eixos temporais por uma quantidade b, como se pode ver na eq (3.2)

$$\Psi_{a,b}(t) = \frac{1}{\sqrt{a}} \Psi\left(\frac{t-b}{a}\right) dt \tag{3.2}$$

3.1.3 Transformação de Wavelet Discreta (DWT)

A CWT é uma função de dois parâmetros e, por isso, contém uma grande quantidade de informação extra (redundante) quando analisa uma função. Em vez de variar continuamente os parâmetros, analisamos o sinal com um pequeno número de escalas com um número variável de translações em cada escala. A isto chama-se Transformada Wavelet Discreta (DWT). A DWT pode ser vista como uma discretização da CWT através da amostragem de coeficientes wavelet específicos. Uma amostragem crítica da equação da CWT em (3.1) é obtida por substituição $a = 2^{-j}$ onde j e k são números inteiros que representam o conjunto de translações e dilatações discretas. Após esta substituição, a equação (3.2) passa a ser a eq (3.3) seguinte

$$\int_{t0}^{t} f(t) 2^{j/2} \Psi(2^j t - k) dt \tag{3.3}$$

que é uma função de j e k. Denota-se por W (j, k)

Na CWT, encontramos coeficientes de wavelet para cada combinação (a,b), enquanto na transformada de wavelet discreta, encontramos coeficientes de wavelet apenas em muito poucos pontos e as wavelets que seguem estes valores são dadas pela eq (3.4)

$$\Psi_{j,k}(t) = 2^{j/2} \Psi(2^j t - k) \tag{3.4}$$

Estas wavelets para todos os inteiros j e k produzem uma base ortogonal. Chamamos-lhe $\Psi_{0,0}(t) = \Psi(t)$ como a ondaleta mãe. Outras wavelets são produzidas por translação e dilatação da wavelet mãe. A amostragem crítica define a resolução da DWT tanto no tempo como na frequência. O termo amostragem crítica denota o número mínimo de coeficientes amostrados da CWT para garantir que toda a informação presente na função original seja retida pelos coeficientes da wavelet. A amostragem crítica é obtida através da discretização dos parâmetros da CWT como $a = 2^{-j}$ e $b = k2^{-j}$.

3.2 Função de escala Haar

A Figura 3.3 mostra a função de escala de Haar. Cada wavelet tem duas funções associadas, nomeadamente a função de escala e a função wavelet.

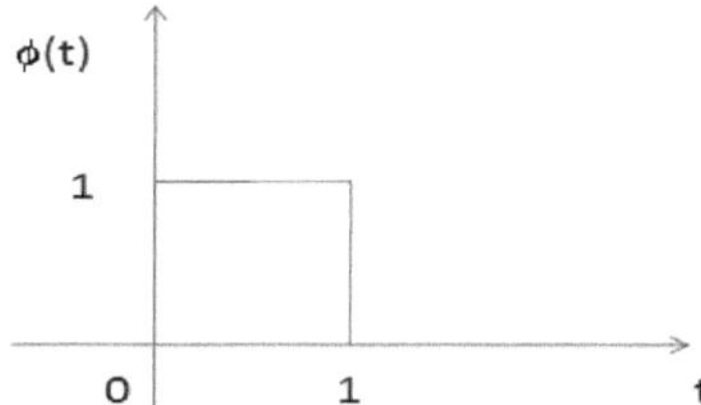

Figura 3.3: Função de escala Haar

$\emptyset$ (t)=1 para 0≤t<1

=0 noutro local

É uma função limitada no tempo cujo valor é um para o intervalo 0 a 1.

3.2.1 Espaço de funções da função de escala Haar

..., $\emptyset$ (t-1), $\emptyset$ (t), $\emptyset$ (t+1), $\emptyset$ (t+2)....é um conjunto de funções ortogonais (traduções de $\emptyset$ (t)), que podem formar um sinal. O espaço compreendido pelo conjunto de bases (...,$\emptyset$ (t), $\emptyset$ t+1), $\emptyset$ (t+2)...) é denotado por

$$V_0 = span\{\emptyset(t-k)\}$$

Qualquer função/sinal é dada pela equação (3.5) abaixo

$$f(t) = \sum_{k=-\infty}^{\infty} a_k \emptyset(t-k) \tag{3.5}$$

a_k é o coeficiente variado para formar diferentes funções/sinais. Todos estes sinais calculam o espaço do sinal. É importante notar aqui que

1) Para que f (t) faça parte do espaço do sinal, f(t) deve ser expressa utilizando as bases de V_0.

2) ..., ∅ (2t-2), ∅ (2t), ∅ (2t+1), ∅ (2t+2)... novo conjunto de funções ortogonais/conjunto de

bases que são escalas da função de base.

3.2.2 Espaços aninhados

Os espaços abrangidos pelo novo conjunto de bases são dados por [16]

$$V_1 = span\{\emptyset(2t-k)\}$$

Qualquer sinal nesse espaço pode ser escrito como na eq (3.6)

$$f(t) = \sum_{k=-\infty}^{\infty} a_k \emptyset(2t-k) \tag{3.6}$$

Ao variar o coeficiente, podemos calcular novos sinais/funções. Estes constituem V_1

Do mesmo modo, V_2 é abrangido por $\emptyset(2^2t-k)$ Assim,

$V_2 = span\{\emptyset(2^2t-k)\}$

Generalizando, obtemos $V_j = span\{\emptyset(2^jt-k)\}$

A Figura 3.4 mostra os espaços aninhados. Pode ver-se que V_0 é subconjunto de V_1 e V_1 é subconjunto de V_2 . Em geral, V_j está contido em V_{j-1} . Em conclusão, podemos afirmar que V_0 está contido em V_1

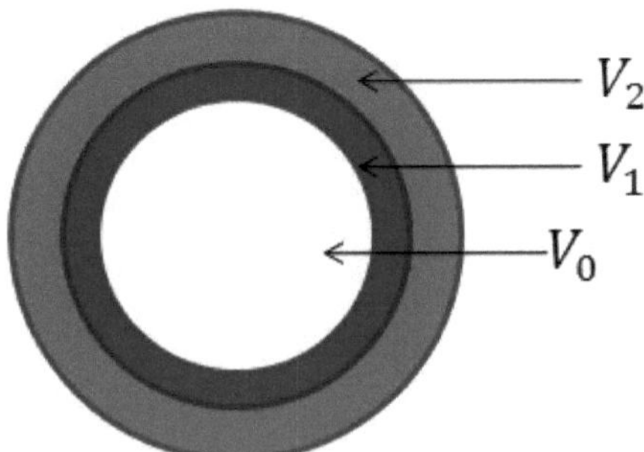

Figura 3.4: Espaços aninhados de bases de wavelets Haar

3.3 Função Wavelet Haar

A Figura 3.5 mostra a função de ondaleta de Haar. Como já foi referido, cada wavelet tem duas funções associadas, nomeadamente a função de escala e a função wavelet. A figura 3.6 mostra a translação da função wavelet de Haar. Aqui podem ser desenvolvidas diferentes traduções da mesma função em diferentes escalas.

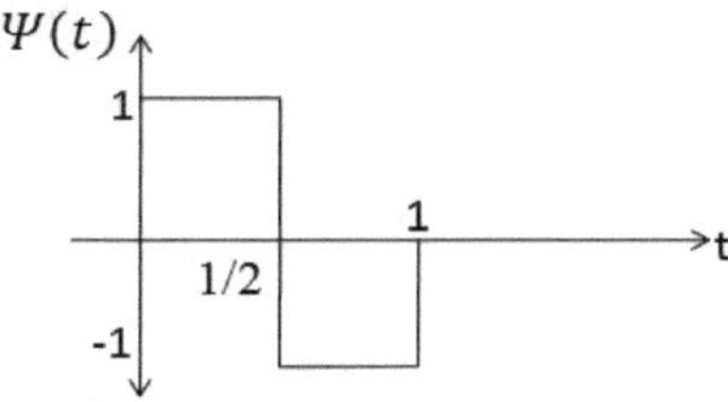

Figura 3.5: Função wavelet Haar

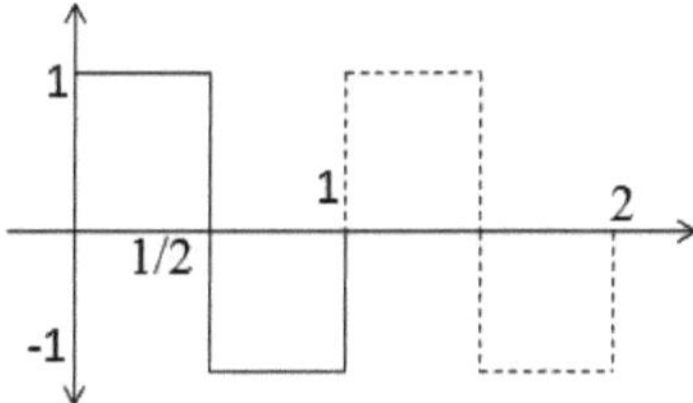

Figura 3.6: Traduções da função wavelet Haar

A função wavelet de Haar é designada por "Ψ (t)" e definida como

$$\Psi(t)=1 \begin{cases} \text{para } 0\leq t\leq 1/2 \\ -1 \text{ para } 1/2\leq t\leq 1 \\ 0 \text{ noutro local} \end{cases}$$

3.3.1 Espaço funcional da função de ondaleta de Haar

Aqui W_0 é o espaço abrangido pelo conjunto ortonormal de bases$\{\emptyset(t-k), k \in N\}$

É dada pela equação

$$W_{0=}span\{\Psi(t-k)\}$$

Do mesmo modo, o espaço abrangido por 1st nível de escala da função de Wavelet de Haar é dado como

$$W_{1=}span\{\Psi(2t-k)\}$$

Mas será que W_0 é um subconjunto de W1? Ou podemos representar um sinal em W_0 utilizando as bases W ?$_1$

A resposta é NÃO. Assim, podemos dizer que nenhum sinal em W_0 pode ser expresso usando bases de W1. Mas $W_0 \perp W_1$

Podemos resumir que

1) Os espaços abrangidos pelas bases das funções de escalonamento são aninhados, ou seja, V_1 pertence a V_2
2) Os espaços abrangidos pelas bases das funções wavelet são ortogonais $W_0 \perp W_1$
3) $V_1 = V_0 \oplus W_0$, V_0 e W_0 são ortogonais

3.4 Decomposição Wavelet de um sinal

Podemos desenhar uma equação geral vista como uma das equações importantes como (3.7) abaixo

$$V_j = V_{j-1} \oplus W_{j-1} \quad (3.7)$$

Qualquer sinal em V_j pode ser expresso utilizando bases de outros espaços.

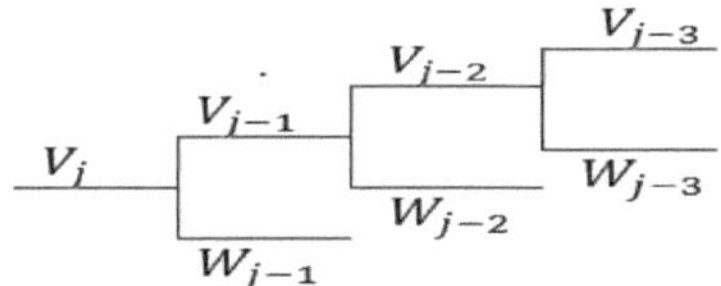

Figura 3.7 : Decomposição Wavelet do sinal

Agora, a normalização para ortonormalidade é dada pela eq (3.8)

$$V_j = Span_k\left\{\overline{2^{j/2}\phi(2^j t-k)}\right\} \quad (3.8)$$

Quando um sinal é expresso em termos de bases normalizadas, a constante de normalização é repetida em cada termo. Para evitar esta repetição, é utilizada uma notação abreviada como

$2^{j/2}\emptyset(2^j t - k)$ as $\emptyset_{j,k}(t)$ e $2^{j/2}\Psi(2^j t - k)$ as $\Psi_{j,k}(t)$

Aqui o primeiro subscrito denota o nível da escala e o segundo subscrito denota a translação nesse nível da escala.

Assim, a base de V_0 é $\{\ldots.\emptyset_{0,-1}(t), \emptyset_{0,0}(t), \emptyset_{0,1}(t), \emptyset_{0,2}(t), \ldots.\emptyset_{0,k}(t)\ldots.\}$ do mesmo modo, as bases de V_j são $\{\ldots.\emptyset_{j,-1}(t), \emptyset_{j,0}(t), \emptyset_{j,1}(t), \emptyset_{j,2}(t), \ldots\ldots, \emptyset_{0,k}(t)\ldots.\}$

A relação de refinamento com as bases normalizadas para harr é dada por

$\emptyset(t) = \emptyset(2t) + \emptyset(2t-1)$ e $\Psi(t) = \emptyset(2t) - \emptyset(2t-1)$ Estas relações decorrem do facto de V_0 e W_0 serem subconjuntos de V_1. Consequentemente, qualquer base em V_0 e W_0 pode ser expressa utilizando as bases de V .1

Em relação às bases normalizadas, esta relação pode ser re-expressa como:

$$\emptyset(t) = \frac{1}{\sqrt{2}}\sqrt{2}\emptyset(2t) + \frac{1}{\sqrt{2}}\sqrt{2}\emptyset(2t-1) = \frac{1}{\sqrt{2}}\emptyset_{1,0}(t) + \frac{1}{\sqrt{2}}\emptyset_{1,1}(t)$$

$$\Psi(t) = \frac{1}{\sqrt{2}}\sqrt{2}\emptyset(2t) - \frac{1}{\sqrt{2}}\sqrt{2}\emptyset(2t-1) = \frac{1}{\sqrt{2}}\emptyset_{1,0}(t) - \frac{1}{\sqrt{2}}\emptyset_{1,1}(t)$$

Em geral, as relações acima são escritas como nas eq (3.9) e eq (3.10)

$$\emptyset(t) = \sum_k h(k)\emptyset_{1,k}(t) = \sum_k h(k).\sqrt{2}\emptyset(2t-k) \quad (3.9)$$

$$\Psi(t) = \sum_k g(k)\emptyset_{1,k}(t) = \sum_k g(k).\sqrt{2}\emptyset(2t-k) \quad (3.10)$$

Exemplo específico para harr

$$\emptyset(t) = \sum_{k=0}^{1} h(k)\emptyset_{1,k}(t) = \sum_{k=0}^{1} h(k).\sqrt{2}\,\emptyset(2t-k)$$

$$\Psi(t) = \sum_{k=0}^{1} g(k)\emptyset_{1,k}(t) = \sum_{k=0}^{1} g(k).\sqrt{2}\,\emptyset(2t-k)$$

Onde $h(0) = \frac{1}{\sqrt{2}}, h(1) = \frac{1}{\sqrt{2}}, g(0) = \frac{1}{\sqrt{2}}, g(1) = -\frac{1}{\sqrt{2}}$

Aqui $\{h(k), k \in N\}, \{g(k), k \in N\}$ são os coeficientes do filtro de escala passa-baixo e do filtro wavelet passa-alto.

3.4.1 Relação da DWT com os bancos de filtros

Na maior parte das aplicações, nunca temos de lidar diretamente com funções de escala ou wavelets associadas. Precisamos apenas de h(n) e g(n) na relação de refinamento e do sinal discretizado. Aqui h(n) e g(n) são vistos como filtros e a sequência de dados como sinal digital.

A relação de refinamento, ou seja, a relação responsável pela decomposição do sinal, é dada como na eq(3.11)

$$\emptyset(t) = \sum_{n=0}^{N-1} h(n)\sqrt{2}\emptyset(2t - n) = \sum_{n=0}^{N-1} h(n)\emptyset_{1,n}(t) \qquad (3.11)$$

N é o número de coeficientes

Agora, se relacionarmos o j-ésimo nível deϕ (t) com a escala imediatamente superior/mais fina j+1, obtemos

$$\emptyset(2^{jt} - k) = \sum_{n=0}^{N-1} h(n)\sqrt{2}\emptyset[2(2^j t - k) - n]] = \sum_{n=0}^{N-1} h(n)\sqrt{2}\emptyset(2^{j+1}t - 2k - n)$$

Colocando m=2k+n obtemos

$$\emptyset(2^{jt} - k) = \sum_{m=2k}^{2k+N-1} h(m - 2k)\sqrt{2}\emptyset(2^{j+1}t - m)$$

E

$$\Psi(2^{jt} - k) = \sum_{m=2k}^{2k+N-1} g(m - 2k)\sqrt{2}\emptyset(2^{j+1}t - m)$$

Agora sabemos que $V_j = Span_k\overline{\left\{2^{j/2}\emptyset(2^j t - k)\right\}} = Span_k\overline{\left\{2^{j/2}\emptyset(2^j t - k)\right\}}$

Depois

$$f(t) \in V_{j+1} = f(t) = \sum_k s_{j+1}(k)\ 2^{(j+1/2)}\emptyset(2^{j+1}(t - k))$$

ou seja, f(t) é expressa como combinação linear de bases em V_{j+1} como dado pela eq (3.12) Agora

$$V_{j+1} = V_j \oplus W_j$$

$$f(t) = \sum_k s_j(k)\ 2^{(j/2)}\emptyset(2^j t - k) + \sum_k d_j(k)\ 2^{(j/2)}\Psi(2^j t - k) \qquad (3.12)$$

Aqui $2^{(j/2)}$ mantém a norma da unidade da função de base em várias escalas.

3.4.2 Análise ou decomposição do sinal

Para encontrar $s_j(k)$ projectamos f(t) sobre a base normalizada $2^{(j/2)}\emptyset(2^j t-k)$

$$s_j(k)=\int f(t).2^{j/2}\,\emptyset(2^j t-k)dt$$

Como

$$\emptyset(2^{jt}-k)=\sum_{m=2k}^{2k+N-1} h(m-2k)\sqrt{2}\emptyset(2^{j+1}t-m)$$

Por conseguinte

$$s_j(k)=\sum_{m=2k}^{2k+N-1} h(m-2k)\int f(t)\,2^{(j+1/2)}\emptyset(2^{j+1}t-m)dt$$

Agora, o integral nesta equação é basicamente a projeção de f(t) na base normalizada

$2^{(j+1/2)}\emptyset(2^{j+1}t-m)$ que é $s_{j+1}(m)$

Por conseguinte, isto pode ser escrito como na eq (3.13)

$$s_j(k)=\sum_{m=2k}^{2k+N-1} h(m-2k)\,s_{j+1}(m) \qquad (3.13)$$

A relação correspondente para os coeficientes de wavelet é dada pela eq (3.14)

$$d_j(k)=\sum_{m=2k}^{2k+N-1} g(m-2k)\,s_{j+1}(m) \qquad (3.14)$$

Assim, a análise ou decomposição de um sinal em V_{j+1}em soma de dois sinais, um no espaço V_j e outro em W_j é

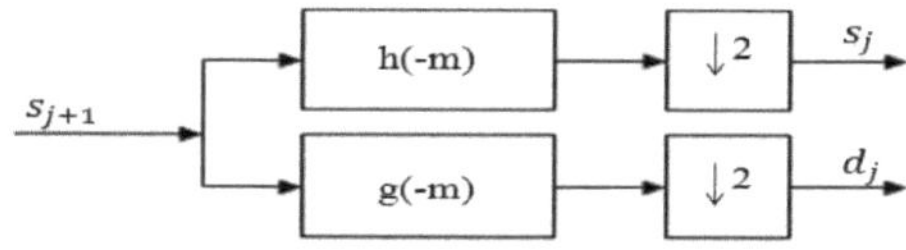

Figura 3.8: Análise do sinal utilizando o banco de filtros de análise

Aqui o filtro FIR h(-m) é um LPF e um g(-m) é um HPF.

3.4.3 Síntese ou reconstrução do sinal

Ao contrário da análise, encontramos agora o coeficiente de escala fina original do sinal através da combinação de funções de escala e de wavelet utilizando o processo de síntese

Para síntese, obtemos a eq (3.15) como

$$s_{j+1}(k) = \sum_{m} s_j(m)h(k-2m) + \sum_{m} d_j(m)g(k-2m) \tag{3.15}$$

Assim

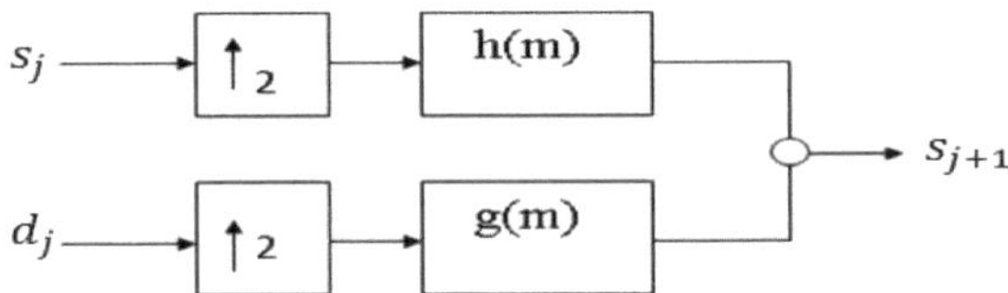

Figura 3.9 Síntese do sinal utilizando o banco de filtros de síntese

3.4.4 Filtros de correspondência perfeita

Os filtros de análise do sistema de Wavelets {h (-m), g (-m)} decompõem o sinal. Os filtros de síntese do sistema de Wavelets {h (m), g (m)} reconstroem o sinal decomposto de volta ao sinal original. O conjunto deste sistema de filtros é designado por filtros perfeitamente compatíveis.

Dado que os filtros h(m) e g(m) são filtros ortogonais e que os filtros de análise h(-m) e g(-m) são a imagem em espelho dos filtros de síntese h(m) e g(m), estes são designados por QMF 'Quadrature Mirror Filters' (filtros espelho de quadratura), como mostra a figura 3.10

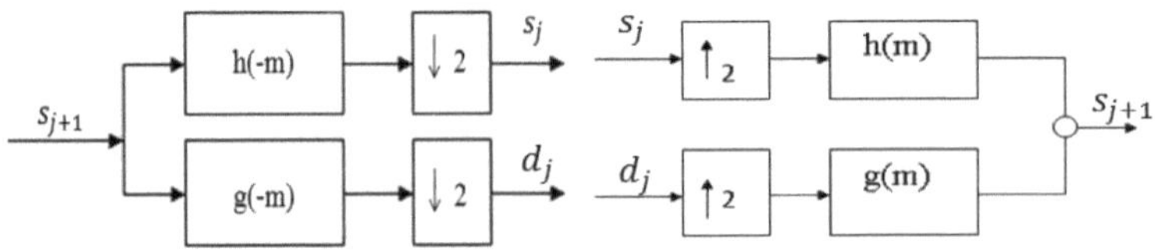

Figura 3.10 Filtros de espelho de quadratura

CAPÍTULO 4
MODULAÇÃO DE PACOTES WAVELET

CAPÍTULO 4

MODULAÇÃO DE PACOTES WAVELET

4.1 Transformada de pacotes Wavelet

4.1.1 Introdução

A modulação por pacotes de wavelets (WPM) é um método de multiplexagem que utiliza bases de pacotes de wavelets ortogonais para combinar um conjunto de sinais paralelos num único sinal composto. Fundamentalmente, a OFDM e a WPM têm muitas semelhanças, uma vez que ambas utilizam formas de onda ortogonais como subportadoras e alcançam uma elevada efficiência espetral, permitindo que os espectros das subportadoras se sobreponham uns aos outros. As subportadoras adjacentes não interferem umas com as outras, desde que a ortogonalidade entre as subportadoras seja preservada. A diferença entre OFDM e WPM é a forma das subportadoras e o modo como são criadas. O OFDM utiliza bases de Fourier que são senos/cosenos estáticos, enquanto o WPM utiliza wavelets que oferecem muito mais flexibilidade. Ao alterar as propriedades dos bancos de filtros, a forma das subportadoras pode ser alterada e, consequentemente, as caraterísticas do sistema de transmissão podem mudar. Isto leva à possibilidade de personalizar as caraterísticas do sistema WPM com base nos requisitos do sistema.

O WPM é implementado através da utilização da transformada inversa discreta de pacotes de wavelets (IDWPT), ilustrada na Figura 4.1, no transmissor e da transformada discreta de pacotes de wavelets (DWPT), ilustrada na Figura 4.2, no recetor, análoga à transformada inversa discreta de Fourier (IDFT) e à transformada discreta de Fourier (DFT) em sistemas OFDM. Como discutido, a teoria wavelet nos permite representar as funções wavelet e escalar por filtros passa-altas e passa-baixas (LPF e HPF), respetivamente, com coeficientes h[n] e g[n]. Portanto, a transformação wavelet pode ser facilmente implementada usando filtros de tempo discreto. As portadoras do sistema de modulação multi-portadora (MCM) são derivadas através de uma transformada wavelet packet (WPT). A WPT é igual à transformada de wavelet, exceto que decompõe até as bandas de alta frequência, que são mantidas intactas na transformada de wavelet.

O WPM é implementado com bases de pacotes de wavelets ortogonais. Consideremos um par de filtros de espelho em quadratura (QMF) que consiste em filtros passa-baixo e passa-alto h[n] e g[n] de comprimento L. Estes satisfazem a condição dada pela eq (4.1)

$$\text{Aqui} \quad g[L-1-n] = (-1)^n h(n) \tag{4.1}$$

Além disso, têm duplos que são as suas variantes complexas conjugadas no tempo invertidas, dadas por

$$\acute{h}(n) = h^*(-n) \text{ e } \acute{g}(n) = g^*(-n)$$

Aqui o par $\acute{h}(n)$ e $\acute{g}(n)$ é designado por par de filtros de análise e é utilizado para gerar as portadoras de pacotes de ondas para a modulação de dados na extremidade do transmissor.

Por outro lado $h(n)$ e $g(n)$ é designado por par de filtros de síntese e é utilizado para derivar os duplos da portadora do pacote de ondas para desmodulação dos dados na extremidade do recetor.

4.1.2 Bases de pacotes de Wavelet

As bases dos pacotes de ondaletas obtidas a partir destes filtros QMF são derivadas recursivamente, tal como discutido na teoria das ondaletas, e são dadas pelas eq (4.2) e eq (4.3)

$$\square_{l+1}^{2p}(t) = \sqrt{2}\textstyle\sum_n h[n]\, \square_l^p(2t-n) \tag{4.2}$$

e

$$\square_{l+1}^{2p+1}(t) = \sqrt{2}\sum_n g[n]\, \square_l^p(2t-n) \tag{4.3}$$

O número de portadoras WPM M que podem ser derivadas de *l* iterações é dado por $M = 2^l$.

Finalmente, o sinal de modulação WPM y[n], que é obtido por combinação linear das bases dos pacotes de ondaletas ponderadas com símbolos de dados complexos $x_{u,k}$ de diferentes fluxos paralelos *p* e índice de dados *l* é dado como na eq (4.4)

$$y[n] = \sum_u \sum_{k=0}^{M-1} x_{u,k}\, \square_l^k(n-uM) \tag{4.4}$$

A Figura 4.1 mostra uma representação de um banco de filtros estruturado em árvore de três níveis da Transformada Inversa Discreta de Wavelet Packet. Aqui G' indica um filtro passa-baixo e H' indica um filtro passa-alto. Estes filtros formam um banco de filtros QMF. O símbolo de dados de entrada é objeto de uma sobreamostragem de 2 e depois envolvido com os coeficientes do filtro para gerar a saída no banco de filtros, que constitui a entrada para o nível seguinte. Este processo é designado por síntese e gera o sinal a transmitir, ou seja, y[n].

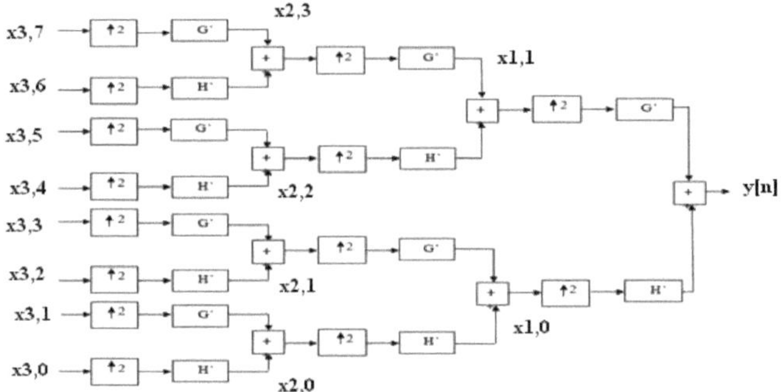

Figura 4.1: Representação do banco de filtros estruturado em árvore da Transformada Inversa de Wavelet Packet

O processo inverso tem lugar no recetor, onde é utilizada a transformada discreta de pacotes Wavelet, como se mostra na figura 4.2. Aqui, inicialmente, o sinal de entrada é envolvido com os coeficientes do filtro e, em seguida, a amostragem é reduzida em 2. Este processo é designado por análise e gera os símbolos de dados a partir do sinal recebido no recetor.

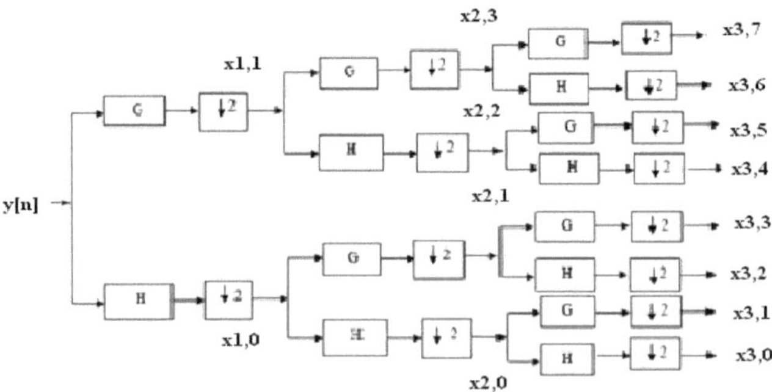

Figura 4.2: Representação do banco de filtros estruturado em árvore da Transformada Wavelet Packet

4.2 Transcetor de modulação de pacotes Wavelet

O bloco funcional do WPM é apresentado na Figura 4.3. No final da transmissão, a sequência original do sinal é constelada em sequência de símbolos. Em seguida, o fluxo de dados em série é dividido em M fluxos paralelos de taxa inferior. Em seguida, os dados em cada ramo paralelo são modulados pela transformada inversa discreta de pacotes de ondaletas (IDWPT) utilizando a base de pacotes de ondaletas gerada por bancos de filtros, tal como referido. O sinal modulado multiportadora é então transmitido através de um canal AWGN.

O processo inverso ocorre no recetor, onde a Transformada Discreta de Wavelet Packet é utilizada para análise.

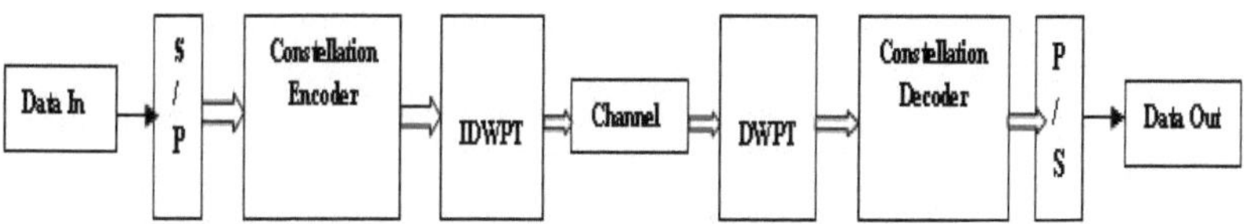

Figura 4.3 Diagrama de blocos funcionais do emissor-recetor WPM

CAPÍTULO 5
RÁCIO ENTRE A POTÊNCIA DE PICO E A POTÊNCIA MÉDIA

CAPÍTULO 5

RÁCIO ENTRE A POTÊNCIA DE PICO E A POTÊNCIA MÉDIA

5.1 Introdução

Uma das principais desvantagens dos sistemas multiportadoras é o seu elevado rácio entre a potência máxima e a potência média (PAPR). O pico do sinal MCM pode ser até M vezes a potência média (em que M é o número de subportadoras). O sinal MCM consiste num número de subportadoras moduladas independentemente, que podem dar uma grande PAPR quando adicionadas coerentemente. Quando M sinais são adicionados com a mesma fase, produzem uma potência de pico que é M vezes a potência média. Uma grande PAPR traz desvantagens como um aumento da complexidade dos conversores analógico-digital e digital-analógico e uma redução da eficiência do amplificador de potência de RF. Na pesquisa bibliográfica são relatados vários métodos para reduzir o problema da PAPR. Essas técnicas são divididas principalmente em duas categorias, a saber, embaralhamento de sinal e distorção de sinal. Os métodos de embaralhamento de sinal são todas variações de como modificar as fases das subportadoras OFDM para diminuir a PAPR. As técnicas de distorção do sinal são desenvolvidas principalmente para reduzir os picos elevados diretamente, distorcendo o sinal antes da amplificação.

5.1.1 Técnicas de redução da PAPR

A) As técnicas de distorção do sinal incluem

1) Recorte

2) Janelamento de picos

3) Cancelamento de picos

4) Atualização aleatória de fases

5) Compactação

B) As técnicas de codificação do sinal incluem

1) Codificação

2) Mapeamento selecionado (SLM)

3) Sequência de transmissão parcial (PTS)

4) Intercalação

5) Reserva de tom

5.1.2 Critérios para a seleção da técnica de redução da PAPR:

Há muitos factores que devem ser considerados antes de se escolher uma técnica específica de redução da PAPR. Esses factores incluem

a) **Capacidade de redução da PAPR**: Este é o fator mais importante na escolha da técnica de redução da PAPR. É necessário prestar muita atenção ao facto de algumas técnicas conduzirem a outros efeitos nocivos. Por exemplo, a técnica de recorte de amplitude remove claramente os picos no domínio do tempo, mas resulta numa degradação no domínio da frequência.

b) **Aumento da potência do sinal de transmissão**: Algumas técnicas exigem um aumento da potência do sinal de transmissão após a utilização de técnicas de redução da PAPR. Por exemplo, a técnica de reserva de tom (TR) exige mais potência de sinal porque parte da sua potência tem de ser utilizada para as PRC (portadoras de redução de potência). A técnica de injeção de tom (TI) utiliza um conjunto de pontos de constelação equivalentes para um ponto de constelação original para reduzir a PAPR. Uma vez que todos os pontos de constelação equivalentes requerem mais potência do que o ponto de constelação original, o sinal de transmissão tem mais potência após a aplicação da TI.

c) **Perda da taxa de dados**: Algumas técnicas exigem que a taxa de dados seja reduzida. Por exemplo, a técnica de codificação em bloco exige que um dos quatro símbolos de informação seja dedicado ao controlo da PAPR.

c) **Complexidade computacional**: Esta é também uma consideração importante. Geralmente, as técnicas mais complexas têm uma melhor capacidade de redução da PAPR.

5.2 PAPR do sinal WPM

5.2.1 PAPR do sinal WPM

Um sinal WPM, como qualquer outro sinal multicarrier como o OFDM, é a soma de muitas subportadoras portadoras de informação que são estatisticamente independentes

A PAPR de um sinal WPM modulado por portadoras múltiplas é dada como na eq (5.1)

$$PAPR = \frac{max_n\{|y[n]|^2\}}{E\{|y[n]|^2\}} \quad (5.1)$$

Aqui y[n] representa o sinal de saída do transmissor, $\max_n$ ( ) representa o valor máximo em todas as instâncias do índice de tempo n, e E ( ) representa a média do conjunto.

O algoritmo para calcular a PAPR para sinais WPM é apresentado de seguida:

1) Sejax_n denotar o sinal WPM com M portadoras e M símbolos/quadro.

2) Então a PAPR por quadro (em dB) do sinal pode ser dada pela eq (5.2)

$$\mathrm{PAPR} = 10\log_{10}\frac{\max_n\{x_n \times conj(x_n)\}}{\mathrm{E}\{x_n \times conj(x_n)\}} \quad (5.2)$$

Aqui conj e max representam os operadores de conjugado e de máximo, respetivamente.

3) Repetir os passos 1 e 2 para um número finito de vezes e armazenar todas as PAPR valores.

4) A partir da lista de todos os valores de PAPR (obtidos em 3), encontre o valor acumulado de

função de distribuição CDF.

5.2.2 CC DF da PAPR do sinal WPM

A função de distribuição cumulativa (CDF) da PAPR é uma das medidas de desempenho mais frequentemente utilizadas para as técnicas de redução da PAPR. Na literatura, a CDF complementar (CCDF) é normalmente utilizada em vez da própria CDF. A CCDF da PAPR indica a probabilidade de a PAPR de um bloco de dados exceder um determinado limiar.

A CDF da amplitude de uma amostra de sinal é dada pela eq (5.3)

$$F(z) = 1 - \exp(z) \quad (5.3)$$

O CCDF da PAPR de um bloco de dados é dado por

$$P(PAPR > z) = 1 - P(PAPR \leq z) = 1 - F(z)^N = 1 - (1 - \exp(-z))^N$$

A CCDF denota simplesmente a probabilidade de a PAPR de um bloco de dados exceder um determinado limiar é dada pela eq (5.4)

$$CCDF(PAPR_0) = \Pr(PAPR > PAPR_0) \quad (5.4)$$

Neste relatório, o desempenho dos esquemas de redução da PAPR investigados é demonstrado através da CCDF da PAPR, que é uma métrica de desempenho independente do amplificador do transmissor.

5.3 Redução de PAPR baseada em mapeamento selecionado

5.3.1 Técnica de mapeamento selecionado (SLM)

A ideia-chave por detrás das modificações de fase é que a PAPR de um sistema multiportadoras pode ser ajustada variando as mudanças de fase das subportadoras [17]. O mapeamento selecionado com a técnica de modificação de fase é aplicado após o mapeamento da constelação. Assim, diferentes valores de PAPR para a mesma informação podem ser obtidos alterando aleatoriamente as fases das subportadoras usadas para modular os dados. O quadro WPM com o menor PAPR é então identificado e transmitido. A atração do método é a sua simplicidade, a elegância da implementação e os ganhos notáveis que produz com um aumento mínimo da complexidade.

medida que o número de portadoras M aumenta, a PAPR do sinal também aumenta. É provável que as flutuações de potência do sistema WPM, com um grande número de portadoras, se repercutam na região não linear do funcionamento do amplificador do transmissor, resultando em distorção e espalhamento espetral do sinal.

Apresentamos agora uma abordagem simples para reduzir a PAPR. Isso é feito mapeando o conjunto de informações finitas em vários quadros WPM com PAPRs diferentes. Em seguida, o quadro WPM que tem o menor PAPR é selecionado para transmissão. Para gerar os quadros a partir da mesma informação, as portadoras WPM são giradas aleatoriamente com um valor escolhido de um alfabeto de um número finito de desvios de fase identicamente espaçados.

5.3.2 Esquema de blocos do esquema SLM:

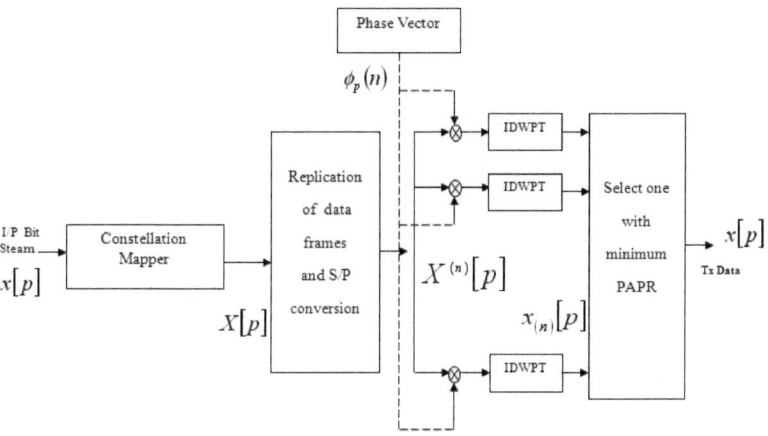

Figura 5.1 Diagrama de blocos do sistema SLM

A Figura 5.1 mostra os blocos do sistema WPM com o método SLM do esquema de redução de PAPR. O fluxo de bits da fonte de informação é primeiro convertido num fluxo de constelação (QAM) e depois replicado para obter um número finito de cópias, digamos L . Cada um dos conjuntos replicados é então convertido em série-paralelo (S/P) e depois deslocado de fase por uma sequência de fase aleatória. As sequências de fase são geradas por um gerador de fase que escolhe entre diferentes alfabetos de faseϕ e distribuições estocásticas e cria um vetor de fase $\emptyset_p^{(n)}$ Aqui n (= 1, 2, 3, ... L) representa o índice do quadro e p (= 1, 2, 3, ... M) representa o índice da subportadora. O vetor de fase contém assim L linhas, cada uma com M colunas. Denotando o quadro WPM portador de informação pela notação X[p], os L quadros WPM diferentes $X^{(n)}[p$ obtidos por multiplicação por subportadora com o vetor de fase $\emptyset_p^{(n)}$ pode ser dado pela eq (5.5)

$$X^{(n)}[p] = X[p] \times \emptyset_p^{(n)} = X[p] \times e^{j\,\emptyset_p^{(n)}} \tag{5.5}$$

Os fluxos de informação com deslocamento de fase são então transformados por uma operação IDWPT e a PAPR do sinal composto transformado é calculada. De entre o conjunto de L valores de PAPR, é selecionado e transmitido o que tiver o menor valor. Note-se que todos os quadros transportam informação idêntica [18]. Para obter a redução da PAPR, o quadro WPM com a menor PAPR é transmitido. O quadro WPM candidato no domínio do tempo é dado pela eq (5.6)

$$x = \text{IDWPT}(X^{(n)}[p]) \quad (5.6)$$

com a menor PAPR é então transmitida.

5.3.3 Algoritmo do esquema SLM

O algoritmo para calcular e selecionar a PAPR mínima para WPM pode ser resumido da seguinte forma:

1. Obter a mensagem de origem e efetuar o mapeamento da constelação
2. Partição em blocos e conversão de série para paralelo
3. Gerar sequências de fases independentes de comprimento M a partir do alfabeto de fases escolhido

$$\emptyset = [1, -1, j, -j]$$

4. Multiplicar as sequências de fotogramas por elementos/portadoras por sequências de fase de comprimento M.
5. Efetuar a transformação IDWPT para cada sequência de fotogramas resultante para cada cópia replicada dos dados.
6. Calcular a PAPR por fotograma do sinal para cada cópia replicada dos dados.
7. Listar todos os valores PAPR e selecionar o PAPR mínimo para transmissão
8. As sequências de fase são geradas por um gerador de fase que escolhe entre diferentes alfabetos de fase e cria um vetor de fase $\emptyset_p^{(n)}$
9. Aqui $n(= 1,2,3, \ldots.. L)$ representa o índice do quadro e $p(= 1,2,3, \ldots. M)$ representa o índice da subportadora.
10. O vetor de fase contém assim L linhas, cada uma com M colunas
11. Denotando o quadro WPM portador de informações pela notação $X[p]$
12. Os L diferentes quadros WPM $X^{(n)}[p]$
13. Obtido por multiplicação por subportadora com o vetor de fase $\emptyset_p^{(n)}$
14. Pode ser escrito como

$$X^{(n)}[p] = X[p] \times \emptyset_p^{(n)} = X[p] \times e^{j\,\emptyset_p^{(n)}}$$

5.3.4 Fluxograma do esquema SLM

O fluxo do programa para o esquema SLM é apresentado no fluxograma da Figura 5.2. Inicialmente, são gerados dados binários em série a partir de um ficheiro de texto ascii. Estes dados binários em série são convertidos em paralelos e depois modulados em QAM para formar um quadro WPM de comprimento N.

A PAPR deste fotograma é calculada, sendo esta a PAPR original. Este quadro WPM é replicado L vezes. Agora são geradas todas as combinações possíveis de vectores de fase. Cada fotograma WPM é multiplicado por todas as combinações de vectores de fase. Em seguida, o IDWPT de cada quadro transformado é calculado e a PAPR é recalculada. Este valor PAPR é comparado com o PAPR original até obtermos o menor PAPR.

Este procedimento é repetido para todas as combinações e, em cada iteração, todos os valores mínimos de PAPR são acumulados para gerar os gráficos CCDF do quadro original e do WPM modificado por SLM.

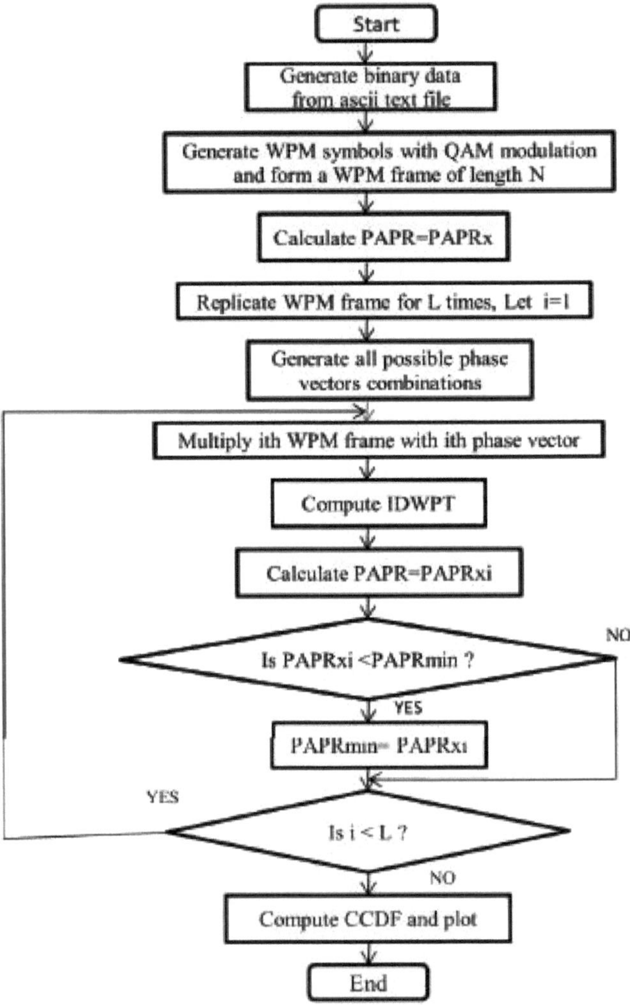

Figura 5.2: Fluxograma do sistema SLM

5.4 Redução da PAPR baseada na sequência parcial de transmissão

5.4.1 Técnica de Sequência de Transmissão Parcial (PTS)

O algoritmo de sequência parcial de transmissão (Partial Transmit Sequence - PTS) foi proposto pela primeira vez por Müller S H, Huber J B [19], que é uma técnica para melhorar as estatísticas de um sinal multi-portadora. A ideia básica do algoritmo de sequência de transmissão parcial consiste em dividir a sequência original em várias sub-sequências e, para cada sub-sequência, multiplicar por diferentes pesos até se escolher um valor ótimo.

5.4.2 Esquema de blocos da técnica de sequência parcial de transmissão (PTS)

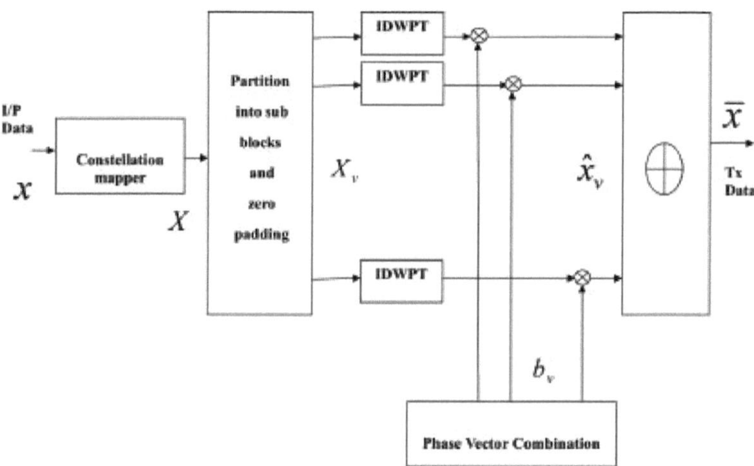

Figura 5.3 Diagrama de blocos do sistema PTS

A Figura 5.3 mostra o diagrama de blocos do algoritmo PTS. O fluxo de bits da fonte de informação é primeiro convertido num fluxo de constelação (QAM). Estes dados X mapeados por constelação são separados em V sub-blocos não sobrepostos e cada vetor de sub-bloco tem o mesmo tamanho N. Assim, sabemos que cada sub-bloco contém N/V elementos não nulos e colocamos a parte restante a zero.

5.4.3 Algoritmo do esquema PTS

O algoritmo para o esquema PTS é o seguinte

1. Obter a mensagem de origem x e efetuar o mapeamento da constelação
2. Os dados mapeados da constelação X são separados em V sub-blocos não sobrepostos e cada vetor de sub-bloco tem o mesmo tamanho N

3. Para cada sub-bloco, contém N/V elementos não nulos e define a parte restante como zero
4. Partindo do princípio de que estes sub-blocos têm o mesmo tamanho e não têm qualquer intervalo entre si, o vetor de sub-blocos é dado por X_v
5. Gerar sequências de fases independentes $b_v = e^{j\emptyset_v}$ de comprimento M a partir do alfabeto de fases escolhido $\emptyset_v \in [0,2\pi]$ $Let\ \emptyset_v = [1,-1,j,-j]$ aqui $\{v = 1,2,\ldots.V\}$
6. Efetuar a transformação IDWPT para cada sequência de fotogramas resultante e multiplicar as sequências de sub-blocos pelas sequências de fase dadas pela eq (5.7)

$$\widehat{x_v} = IDWPT\ (\widehat{X_v}) \times b_v \tag{5.7}$$

7. O sinal de transmissão com PAPR mínima é dado pela eq (5.8)

$$\bar{x} = \sum_{i=1}^{v} \widehat{x_v} \tag{5.8}$$

5.4.4 Fluxograma do esquema PTS

O fluxo do programa para o esquema PTS é mostrado no fluxograma da Fig 5.4 O esquema PTS é um esquema SLM estruturalmente modificado.

Inicialmente, são gerados dados binários em série a partir de um ficheiro de texto ascii. Estes dados binários em série são convertidos em dados paralelos. A PAPR deste quadro é calculada e esta é a PAPR original. Agora, cada quadro de dados é dividido em V blocos não sobrepostos. Cada bloco é então colocado a zero para converter para o comprimento original como o quadro WPM. Cada quadro é então modulado em QAM para formar um quadro WPM de comprimento N.

Agora são geradas todas as combinações possíveis de vectores de fase. Cada quadro WPM é multiplicado por todas as combinações de vectores de fase. Em seguida, o IDWPT de cada quadro transformado é calculado e adicionado e a PAPR é recalculada. Este valor PAPR é comparado com o PAPR original até se obter o menor PAPR.

Este procedimento é repetido para todas as combinações e, em cada iteração, todos os valores mínimos de PAPR são acumulados para gerar os gráficos CCDF do quadro original e do WPM modificado por SLM.

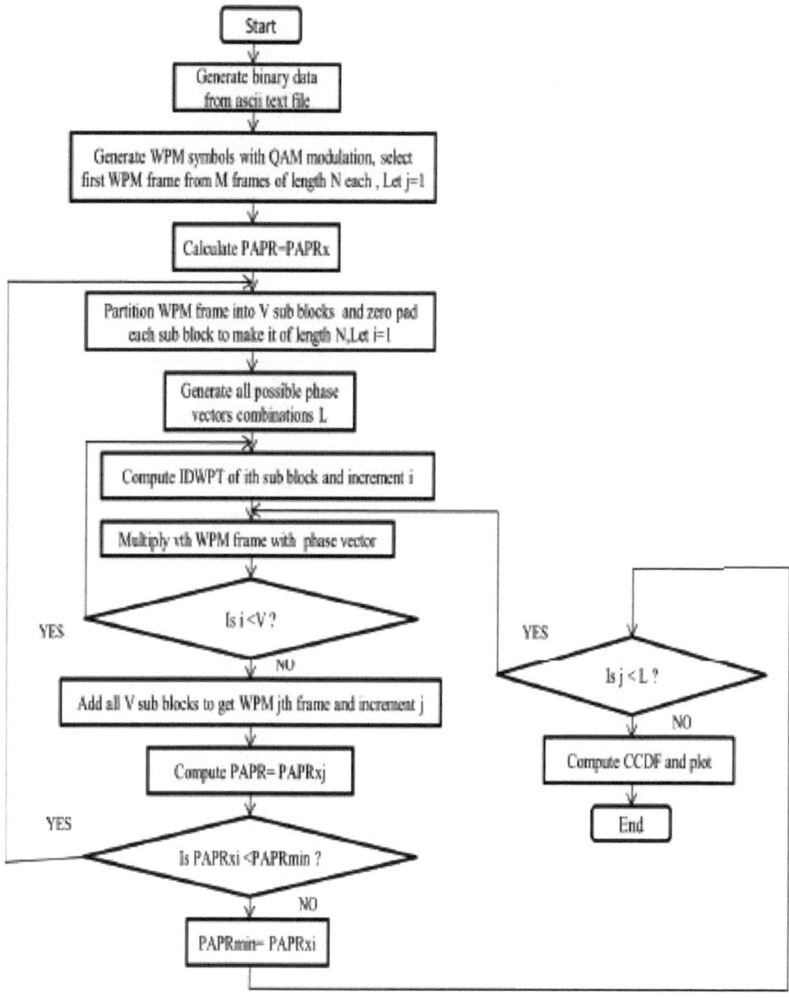

Figura 5.4: Fluxograma do esquema PTS

CAPÍTULO 6
RESULTADOS E DISCUSSÕES

CAPÍTULO 6

RESULTADOS E DEBATES

6.1 Simulação de OFDM e WPM

6.1.1 Parâmetros de simulação

Neste capítulo, são apresentados os resultados da nossa experimentação efectuada em MATLAB e é avaliado o desempenho do sistema WPM com as técnicas de redução da PAPR. As investigações são efectuadas utilizando a métrica de desempenho como função de distribuição cumulativa complementar (CCDF).

Os vários parâmetros de simulação utilizados para a experimentação são apresentados na Tabela 6.1

Tabela 6.1 Parâmetros de simulação

Nº Sr.	PARÂMETRO/ SISTEMA	OFDM	WPM	SLM modificado WPM	PTS modificado WPM
1	Modulação	QPSK	QPSK	QPSK	QPSK
2	Número de subportadoras	64	64	64	64
3	Bases de pacotes Wavelet	-	db2	db2	db2
4	Profundidade máxima da árvore	-	6	6	6
5	Fator de sobreamostragem	4	4	4	4
6	Número máximo de iterações	1000	1000	1000	1000

1. A modulação digital utilizada é QPSK

2. O número de subportadoras indica o comprimento do quadro WPM. Aqui pode ser variado

em potências de 2.

3. A base de pacotes de wavelets escolhida é db2. A simulação foi efectuada

para diferentes famílias de wavelets e verificou-se que Daubechies2 dá o

resultado ótimo, pelo que foi escolhido para a simulação.

4. A profundidade da árvore de pacotes de wavelets é calculada pela fórmula $M=2^l$, onde M

indica o número de subportadoras e l indica a profundidade da árvore.

5. A sobreamostragem aumenta a resolução do sinal. Assim, os picos no

tornam-se mais evidentes, o que permite efetuar cálculos precisos.

6. A simulação foi efectuada para 1000 iterações.

6.1.2 Gráfico CCDF da PAPR do sinal OFDM e WPM

A Figura 6.1 indica o gráfico PAPR CCDF do sinal OFDM e WPM. O eixo x mostra os valores de PAPR em dB. O eixo y mostra a probabilidade de o valor de PAPR ser superior a um determinado limiar. Como se pode ver no gráfico, o sinal OFDM tem um valor PAPR elevado em comparação com o sinal WPM em condições de simulação semelhantes.

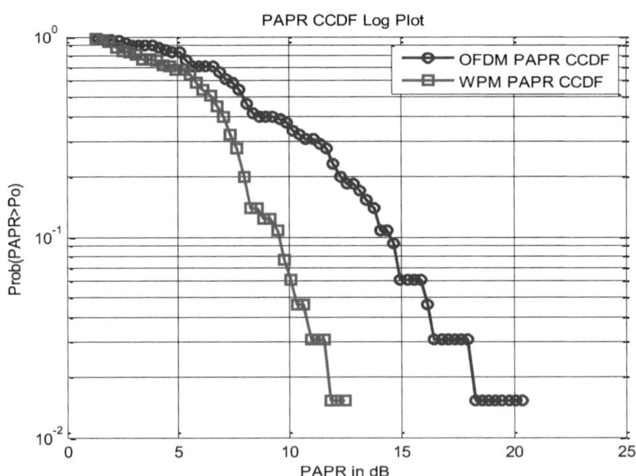

Figura 6.1 Gráfico CCDF da PAPR dos sinais OFDM e WPM

6.1.3 Gráfico BER do sinal OFDM e WPM

A Figura 6.2 mostra o gráfico da taxa de erro de bits versus a relação sinal/ruído. Aqui a SNR é representada em dB. A BER do sinal WPM é elevada em comparação com a OFDM. Como se pode ver no gráfico, para um valor de SNR de 8dB, a BER do OFDM é de cerca de 10^{-2} e a BER do WPM é de ~10 .$^{-1}$

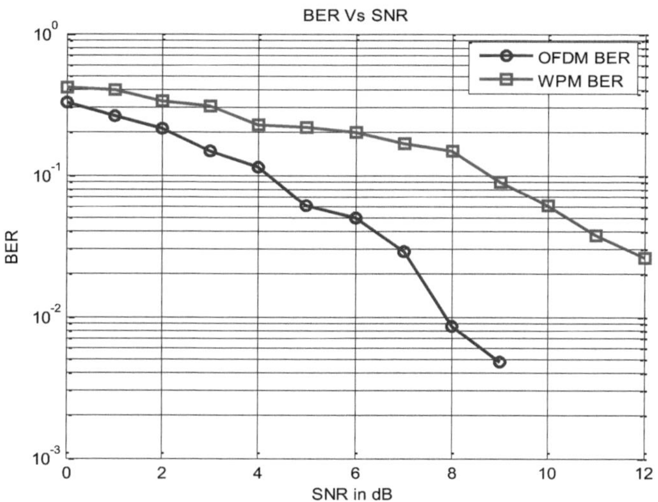

Figura 6.2 Gráfico BER do sinal OFDM e WPM

As observações nestas duas parcelas foram resumidas no Quadro 6.2 abaixo

Tabela 6.2: Desempenho WPM e OFDM PAPR

Parâmetro de desempenho	PAPR para um valor CCDF de 10^{-2}	BER para SNR de 8dB
Sistema WPM	9,5dB	~10^{-1}
Sistema OFDM	14,5dB	~10^{-2}

Comentários

Em resumo, em condições de simulação semelhantes, a PAPR do sinal OFDM é elevada em comparação com a do sinal WPM. Para um valor CCDF de 10^{-2} , o valor PAPR do sinal OFDM é de cerca de 14,5 dB e o do sinal WPM é de 9,5 dB

O desempenho da BER do sinal OFDM é melhor do que o do sinal WPM. Para um valor SNR de 8dB, o valor BER do sinal WPM é de cerca de 10^{-2} e o do sinal OFDM é de 10^{-1}.

6.2 Impacto da escolha de diferentes famílias de wavelets

Neste conjunto de investigações, o valor de N é mantido fixo em 64. As várias famílias de wavelets consideradas são Daubechies 2, Coiflet 5, Symlet 15, Meyer (de comprimento 102) e Haar.

6.2.1 Gráficos de log CCDF da PAPR do sinal WPM para diferentes wavelets

O desempenho do sistema WPM utilizando diferentes famílias de wavelets foi investigado e o seu efeito na PAPR foi determinado. Os resultados foram tabulados na tabela 6.3. Aqui, o comprimento do filtro indica o número de coeficientes do filtro.

Tabela 6.3: Desempenho do WPM PAPR para diferentes wavelets

Família de Wavelets	Comprimento do filtro	Valor PAPR para um valor CCDF de 10^{-1}
Haar	2	13dB
db2	4	9,5dB
coif5	30	8dB
sim15	30	7,8dB
Dmey	102	10dB

Em comparação com o comprimento do filtro e o valor CCDF, como se vê, a família db2 produz um desempenho ótimo. À medida que o comprimento do filtro aumenta, a complexidade aumenta

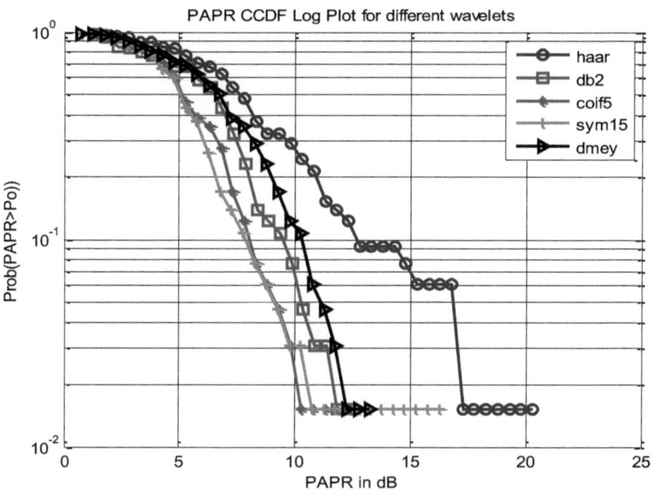

Figura 6.3 Gráficos de log CCDF da PAPR para diferentes wavelets

6.2.2 Gráfico BER do sinal WPM para diferentes wavelets

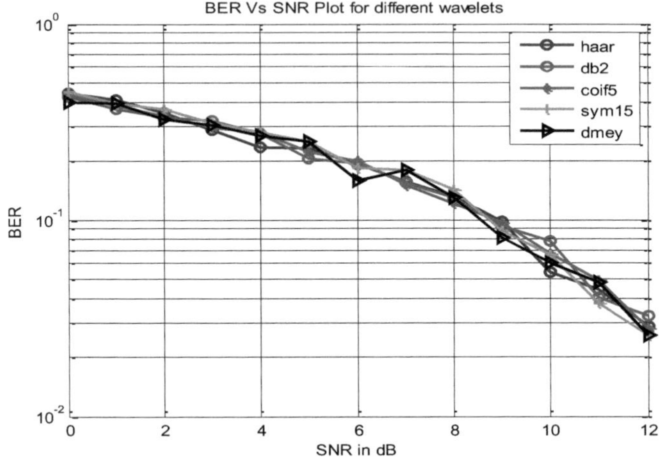

Figura 6.4 Gráficos BER vs SNR para diferentes wavelets

A degradação da taxa de erro de bits está relacionada com a decomposição e a reconstrução do sinal, que é uma propriedade inerente ao sistema ortogonal. Neste caso, todas as wavelets e as suas traduções formam um sistema ortogonal. Assim, observamos que o gráfico da taxa de erro BER para todas as famílias de wavelets tem uma natureza semelhante.

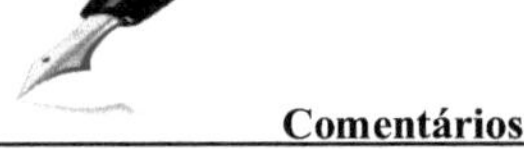

Comentários

Em resumo, da Figura 6.4 podemos deduzir que todas as wavelets seguem um padrão CCDF semelhante para o seu desempenho PAPR. No entanto, a wavelet db2 é uma wavelet óptima em termos de comprimento do filtro e de desempenho da PAPR.

As curvas BER seguem uma curva semelhante para todas as famílias de wavelets.

6.3 Reduções de PAPR WPM

6.3.1 Gráfico logarítmico do CCDF da PAPR do WPM modificado por SLM

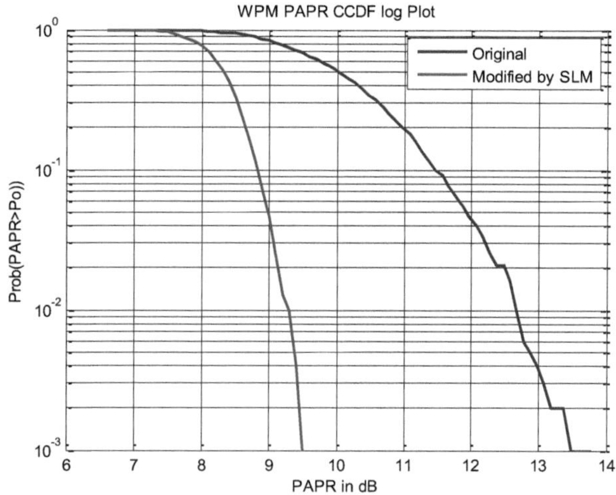

Figura 6.5 Gráfico logarítmico do CCDF da PAPR do WPM modificado por SLM

6.3.2 Gráfico logarítmico do CCDF da PAPR do WPM modificado por PTS

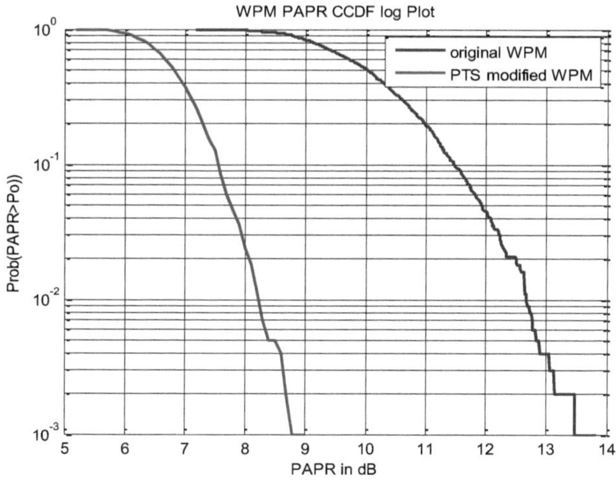

Figura 6.6 PTS Modificado WPM PAPR CCDF Log Plot

6.3.3 Comparação do CCDF da PAPR do WPM modificado SLM vs PTS

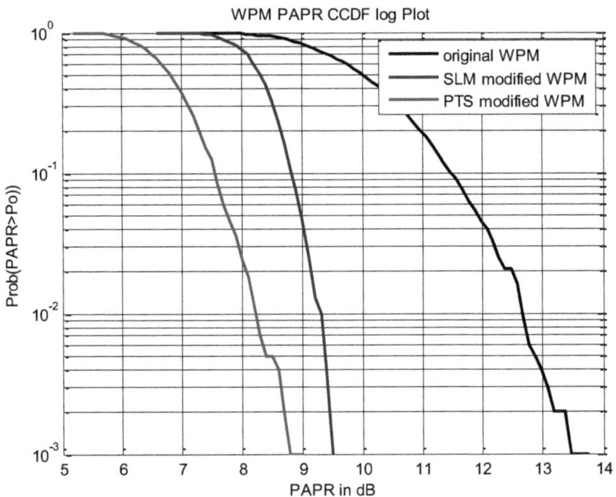

Figura 6.7 SLM vs PTS WPM PAPR CCDF Log Plot

Os resultados do sistema WPM, do sistema WPM modificado com SLM e do sistema WPM modificado com PTS são apresentados no quadro 6.4

O valor PAPR original do quadro WPM é de cerca de 12,7 dB. Este valor é muito elevado em comparação com as normas e pode diminuir a eficiência do amplificador de potência utilizado na secção do transmissor. Foram simulados dois algoritmos de redução da PAPR. Pode ver-se que o WPM modificado por SLM, como na Figura 6.5, tem um valor de PAPR de 9,3dB para um valor CCDF de 10^{-2} , o que é aceitável. No entanto, o WPM modificado por PTS, mostrado na Figura 6.6, apresenta melhor desempenho em condições de simulação semelhantes, reduzindo a PAPR para 8,2 dB. A Figura 6.7 mostra o gráfico do WPM modificado por SLM versus o WPM modificado por PTS.

Tabela 6.4: Desempenho PAPR do SLM e do PTS WPM

Sistema	Valor CCDF de 10^{-2} Valor PAPR
WPM	12,7dB

SLM modificado WPM	9,3dB
PTS WPM modificado	8,2dB

CAPÍTULO 7
CONCLUSÃO E ÂMBITO FUTURO

CAPÍTULO 7

CONCLUSÕES E ÂMBITO FUTURO

7.1 Conclusões

Considerámos sistemas OFDM e WPM exemplares e investigámos o desempenho da PAPR e da BER para ambos os sistemas. As seguintes conclusões podem ser tiradas com base nas investigações

1. O sistema WPM produz um melhor desempenho PAPR em comparação com o sistema OFDM, mas tem um desempenho BER fraco.
2. A curva PAPR CCDF segue uma curva de desempenho semelhante para todos os tipos de wavelets e atinge um valor ótimo para a família db2.
3. O desempenho da BER com diferentes famílias de wavelets mostra que o desempenho da WPM PAPR BER é quase semelhante com todas as diferentes famílias de wavelets.

É experimentado o desempenho de dois esquemas de redução da PAPR, nomeadamente o Mapeamento Selecionado (SLM) e a Sequência Parcial de Transmissão (PTS). Para um valor CCDF de 10^{-2} , o valor PAPR do esquema SLM é de 9,3 dB e o do esquema PTS é de 8,2 dB. Assim, o esquema PTS supera o esquema SLM em termos de redução da PAPR.

7.2 Âmbito futuro

A importância dos métodos investigados reside na sua simplicidade e elegância de implementação. Além disso, este método pode ser associado a outras técnicas de redução da PAPR para afinar o nível de redução da PAPR que pode ser alcançado.

Os esforços futuros neste domínio seriam uma análise da complexidade, tendo em conta o custo de implementação da técnica.

Juntamente com a análise da complexidade, é necessário estudar a perda da taxa de dados para obter um desempenho ótimo.

REFERÊNCIAS

[1] J. Bingham, "Multicarrier modulation for data transmission: an idea whose time has come," Communications Magazine, IEEE, vol. 28, no. 5, pp. 5 -14, maio de 1990.

[2] A. Lindsey, "Wavelet packet modulation for orthogonally multiplexed communication," IEEE Transactions on Signal Processing, vol. 45, no. 5, pp. 1336 - 1339, maio de 1997.

[3] A. Jamin, P. Mahonen, "Wavelet Packet Modulation for Wireless Communications," Wireless Communications and Mobile Computing Journal, vol. 5, no.2, pp.123-137, Abr.2005.

[4] H. Zhang, D. Yuan e F. Zhao, "Research of PAPR reduction method in multicarrier modulation system", Proc. IEEE Int. Conf. sobre Comunicações, Circuitos e Sistemas, vol. 1, pp. 91-94, maio de 2005.

[5] M. Baro e J. Ilow, "Improved PAPR reduction for wavelet packet modulation using multi-pass tree pruning", Proc. IEEE 18th Int. Simpósio sobre comunicações rádio pessoais, interiores e móveis, setembro de 2007.

[6] M. Gautier, C. Lereau, M Arndt, "PAPR analysis in Wavelet Packet Modulation", Proc IEEE Int. conf. ISCCSP Malta, 12-14 de março de 2008.

[7] N. T. Le, S. D. Muruganathan, and A. B. Sesay, "Peak-to-average power ratio reduction for wavelet packet modulation schemes via basis function design", Proc. IEEE Vehicular Technology Conference, Sept. 2008.

[8] M. Rostamzadeh, V. T. Vakily e M. Moshfegh, "An adaptive threshold companding scheme to reduce PAPR of OFDM and WPDM signals.", Proc. IEEE Conf. 2008.

[9] B.Torun, M.K. Lakshmanan e H. Nikookar, "On the analysis of pe ak-to-average power ratio of wavelet packet modulation", Proc. of European Wireless Technology Conference, pp. 1-4, 29 de setembro a 1 de outubro de 2009.

[10] B.Torun, M.K. Lakshmanan e H. Nikookar, "Peak-to-Average Power Ratio Reduction of Wavelet Packet Modulation by Adaptive Phase Selection", Proc. IEEE. 21st Simpósio Internacional sobre Comunicações Rádio Pessoais Interiores e Móveis, 2010.

[11] T. S. N. Murthy e K. Deergha Rao , "PAPR Reduction of MB-OWDM UWB", Proc. IEEE Conference 2010.

[12] L. Miao, Wang Ke, He Yan, Xiangling Li, "Optimizing PAPR by Linear Programming in Wavelet Packet Modulation", Proc. IEEE Conference, 2010.

[13] Li Jiao-jun, Li Heng e Su Li-yun, "A Fast Optimal Basis Search Algorithm for PAPR Reduction.", Proc. IEEE Conference 2010.

[14] M. Lixia, M. Murroni, V. Popescu, "PAPR reduction in Multicarrier Modulations using Genetic Algorithms",IET Signal Processing, Special section on Advanced Techniques on Multirate Signal Processing for Digital Information Processing, vol 5, Issue 3, pp. 356-363, 2011.

[15] S. Mallat, "A theory for multiresolution signal decomposition: the wavelet representation," IEEE Transactions on Pattern Analysis and Machine Intelligence, vol.11, No.7, julho de 1989.

[16] K. P. Soman e K. I. Ramachandran, "An Insight Into Wavelets, From Theory to Practice", Prentice Hall of India.

[17] Kiomars Anvari, "Phase Rotation Technique to Reduce Crest Fator of Multi- Carrier Signals" (Técnica de rotação de fase para reduzir o fator de crista de sinais multiportadoras), patente US 2005/0141408 AI, junho. 30, 2005.

[18] H. Nikookar, K. S. Lidsheim, "Random Phase Updating Algorithm for OFDM Transmission With Low PAPR", IEEE Transactions on Broadcasting, Vol 48, No. 2, junho de 2002.

[19] S. H. Muller, J. B. Huber, "OFDM with reduced peak-to-average power ratio by optimum combination of partial transmit sequence," IEEE Electronic Letters, Vol. 33, No. 5, Feb 1997, pp. 368-369.

ÍNDICE DE CONTEÚDOS

Printed by Books on Demand GmbH, Norderstedt / Germany